我的家在中國・城市之旅 ⑥

這裏的馬路
會說話　西安

檀傳寶◎主編　　王小飛◎編著

中華教育

目　錄

絲綢商隊「西遊」探險記

世界第八大奇跡——兵馬俑

古代單轅雙輪車

在時光轉盤上，我們能看到古代馬車、兵馬俑、絲綢商隊、西安鐘樓、大雁塔……還看到甚麼呢？

第一紀
古城的馬路會說話

在漢唐時期，西安是中國政治、經濟、文化和對外交流的中心，是當時人口最早超過百萬的世界中心和國際大都市。

悠久的歷史，為西安的大街小巷留下了數不盡的古跡與故事。

德愛勤儉書中「路」

你聽說過嗎？十三朝古都西安城的馬路會說話，而且常說的是書本中才有的「德、愛、勤、儉」這四個字。

在清代，鐘樓的東北角也有座城，叫滿城，裏面修了相互交錯的十二條路。民國時推倒了周圍的牆，不知哪位智者以德、愛、勤、儉、禮、義、廉、恥、仁、忠、信……來命名這些道路。

直到今天，雖有時光荏苒，但經過歷史的篩選，德、愛、勤、儉仍然還在街道牌名上！

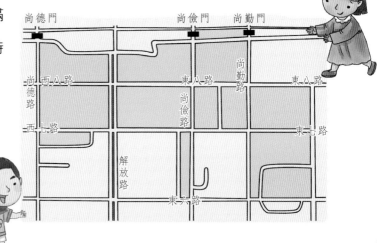

「五常」是啥？

「仁義禮智信」就是儒家的「五常」。這「五常」貫穿於中華倫理的發展中，成為中國古代價值體系中的核心因素。

儒家倡導的這些「路」，今天還有用嗎？

會講故事的「路」

一茬一茬從小學到大學聽來的讀來的那些歷史故事、著名人物、市井習俗、詩詞歌賦,在別處是印在書本上的知識,到了這裏卻讓你眼見為實,身臨其境……在西安城南的高校羣和幾個像書院門這樣的古文化街上徜徉,那種文化,那種典雅,那種深沉,一下子就感覺到了。

——肖雲儒《路過西安》

▼ 千古留痕朱雀門。這是唐皇城的正南門,門下就是城市中央的朱雀大街。隋唐時,皇帝常在這裏舉行慶典活動

▲ 書院門

▼ 仿古入城儀式

行走在西安的街道,每一條街道、每一條馬路都充滿了故事。不經意間你會誤入時光隧道般地看見古跡,而且大多數沒有特別的說明。

路過西安,你可一定不要錯過《詩經》中提到的地方。

西安的土話裏有許多發音是古漢語發音,可以追溯到上古時期,在《詩經》中找到用例。從這些沿用至今的地名中可以一窺,如羅敷、灞橋、馬嵬坡、長安等。

如果你能待得更久,這些「發現」會更多。

3

西天取經出發地

　　沿着雁塔路前行，就會來到當年唐僧翻譯佛經的寺院——大慈恩寺。在這裏，我們既可以再聽聽唐僧取經的故事，還可以了解「大雁」的故事。

　　在《西遊記》中，唐僧師徒四人歷經磨難取得真經。但他們真有其人嗎？

▲ 玄奘一人離開長安城去西天取經

▲ 唐僧真名叫玄奘，確有其人，出家前姓陳。「玄奘」是他的法名，又叫三藏法師，所以也有人稱他為唐三藏

▲ 玄奘西行到今新疆哈密時，當時的高昌國王選派了一些吃苦耐勞的人，讓玄奘挑選作為陪伴他西行的「徒弟」

▲ 在穿越沙漠、翻越高山時，還有幾個「徒弟」凍死了（孫悟空和豬八戒只是神話中的人物）

唐僧返回長安以後，在「研究院」——大慈恩寺中刻苦翻譯佛經，並創立了佛教的一大支派——慈恩宗。20年間，玄奘共翻譯出1335卷佛經。他還將中國的《老子》等書翻譯成梵文，傳入印度……

▲ 玄奘從長安城門出發西行，歷經17年之久（一說19年），走過5萬里行程，歷經當時的100個國家，到達印度，帶回了佛教經典600多部

日本「遣唐使」

公元6世紀，一輩使節、僧人和留學生組成的龐大代表團帶着行李，來到大阪的住吉大社，祈求神能保佑海上安全。後來，整船人從住吉津開始出發，經住吉細江前往大阪灣，再去到難波津。經過瀨戶內海到達福岡的那津，再前往玄界灘，隨後乘風破浪、經歷艱辛，抵達長安，潛心學習唐代先進的制度、佛教及文化。

▲ 歷盡千辛萬苦，玄奘最終到達當時人們以為是「西天」的天竺——印度

這就是日本國前往大唐的「遣唐使」，前後派遣了兩百多年。「遣唐使」中的好多留學生也到過唐僧的「研究院」呢！

大小雁塔的故事

▲ 傳說，在很久以前，不是所有的和尚都要吃素，玄奘所在的小乘寺就可吃葷

▲ 一天，該寺僧人因吃不到肉而發愁，一個和尚向天祈求能賜予肉食

▲ 這時，天空中一羣大雁飛過，頭雁掉地上死了，和尚們驚訝地向天空張望

▲ 僧人們以為菩薩顯靈，感動萬分，從此不再吃肉，改信大乘佛教，並建塔葬雁

　　大雁塔就是玄奘依照印度「雁塔」的形式設計建造的。半個世紀後，薦福寺塔修成了。兩塔遙遙相對，風采各異。因雁塔比薦福寺塔大，人們就將雁塔叫大雁塔，而將薦福寺塔改叫小雁塔了。

小雁塔為何裂而不倒

　　在小雁塔的歷史傳說中，最為神祕的莫過於小雁塔曾經因地震幾度開裂，而又幾度神祕地合攏。根據文獻記載，小雁塔至少出現過「三裂三合」。在諸多大地震中，大量古代的佛塔倒塌，不倒塌的也會出現傾斜。而獨有小雁塔沒有傾斜，只是在地震中裂開，為何「裂而不倒」？據考古資料顯示，小雁塔地基為台階形夯土地基，由外圍向中心逐層加深增厚，地宮下面皆為夯土，厚度超過3.8米，而在夯土底部發現有人為鋪墊的碎石層，十分堅硬，難以穿透。專家認為，小雁塔千年不倒的原因是多方面的，但寬廣堅實的台階形地基應是一個重要原因。

▼小雁塔

▶大雁塔

十三個朝代的「首都」

玄奘當年西天取經的路線，實際上與古代絲綢之路部分路段（如國內線路）是重合的。

這座馬可·波羅想像中的瓷器之國（China）首都，在很多教科書中多被定格在周、秦、漢

◀ 西安市區的絲路起點雕塑

◀ 藍田人頭骨出土處

或唐這四個朝代。但實際上，在長安建都的朝代有十三個之
多！如果能在西安親手觸摸到傳說中的「秦磚漢瓦」，你就
會立刻體會到「西有羅馬，東有長安」的說法不虛了。並且
西安文明中心到來的時間，似乎比羅馬還要早。

從藍田猿人到六七千年前的半坡村，古老的歷史留下了
豐富的遺跡。「秦磚漢瓦」這一說法對西安的歷史做了很好
的詮釋。

「秦磚漢瓦」就是秦代的磚頭、漢代的瓦嗎？

這的確是自小就生長在西安城牆圈子裏的孩子們熟知的「知識」。當地人早有「踢一腳陝西的土，保不準就有個瓦渣片片叫你揀上」的説法，而那瓦渣又都是值錢的玩意。西安乃至陝西的瓦渣兒值錢，不因別的，就是因為歷史！

▲半坡遺址出土的魚紋陶盆

當然，十三個朝代各有各的「精彩」。只是其中西周、秦、漢、唐時的京城，是西安歷史上的鼎盛時期代表，積澱了這座古城主要的風格——西周重禮儀教化的風尚、秦代大一統天下的果敢、漢代鑄造中華文化基業的創舉、唐代開創太平盛世的豪邁……

漢代、唐代數度出現的開明治理時期，創造了令百姓稱讚的「路不拾遺、夜不閉戶」的盛世景象。漢唐時的長安與世界名城雅典、開羅、羅馬齊名，同被譽為世界四大文明古都。

▲唐三彩駱駝

路不拾遺

《舊唐書》：唐代時，有一個做買賣的人途經武陽（今河北一帶），不小心把一件心愛的衣服丟了。他走了幾十里路後才發覺，十分着急，有人勸慰他説：「不要緊，我們武陽境內路不拾遺，你回去找找，一定可以找得到。」那人半信半疑，便趕了回去，果然找到了失去的衣服。

唐三彩

「三彩」是多彩的意思，並不專指三種顏色。唐三彩是盛行於唐代的一種低溫彩釉陶器，在同一器物上，黃、綠、白或黃、綠、藍、赭、黑等基本釉色同時交錯使用，形成絢麗多彩的藝術效果。

城市攻略——西安的時間地圖

建城 3000 多年，從西周到唐，歷史上先後有十三個王朝在西安建都，歷時 1100 多年。

在這漫長的 1000 多年裏，發生了很多故事，看看下面幾個故事發生的朝代是十三個朝代中的哪個？將古代旗幟與下面時間軸上的相應的朝代連線。

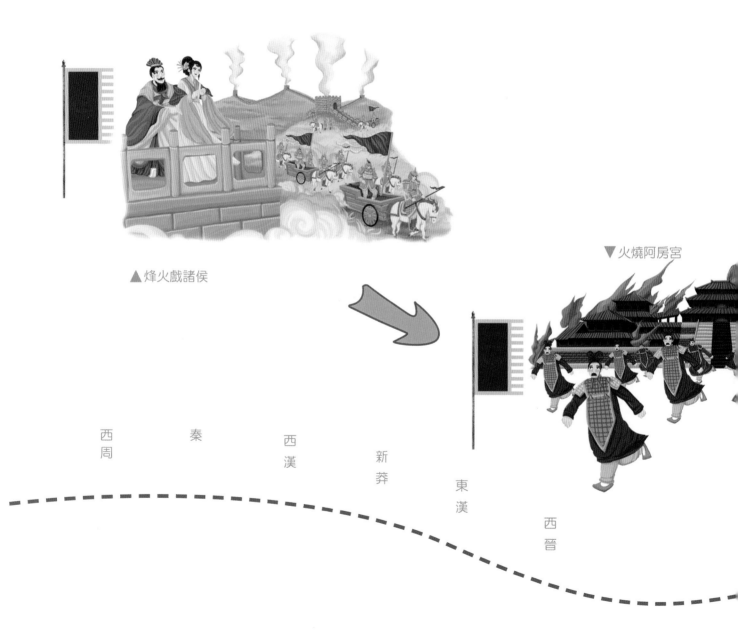

▲烽火戲諸侯

▼火燒阿房宮

西周　　　秦　　　西漢　　新莽　　東漢　　西晉

▲ 路不拾遺

▼ 張騫出使西域

前
趙

前
秦

後
秦

西
魏

北
周

隋

唐

第二紀
夢回古長安

秦漢隋唐的日子並非每天都是那麼「好玩」。

無論哪個朝代或個人，要取得大成就都需要經歷與西天取經類似的坎坷。

秦：搬根木頭五十金

秦國由弱轉強以及長安走向世界中心的關鍵，在於商鞅及其變法。

孝公四見商鞅

秦國最初是戰國七雄中比較落後的國家，其他六國都瞧不起它。

在魏國得不到重用的商鞅，聽到秦孝公發佈了「改革令」後，來到秦國求見孝公。孝公四見商鞅後，商鞅才獲得重用——

▲商鞅第一次見秦孝公就大談「帝道」。秦孝公不耐煩躺在鋪上睡着了

▲商鞅第二次見秦孝公大談「王道」。秦孝公依然不感興趣，說：「你在說甚麼？」

▲商鞅第三次見秦孝公大談「霸道」！秦孝公來了感覺，拍案而起說：「好！」

▲商鞅與秦孝公第四次會面，兩人秉燭夜談，熱烈討論

商鞅獲得重用之後，積極推行他的改革主張。實行變法後，秦國成為戰國七雄中最強大的國家。

關於商鞅，還有一個南門立木的故事，非常有名——

▲ 商鞅命人在都城的南門前，放了一根高三丈長的木柱，並到處張貼告示：「誰能把南門前那根木頭搬到北門，官府就賞他五十金。」

▲ 老百姓看到告示後議論紛紛，大家懷疑這是騙人的舉動。但一個年輕力壯、膀大腰圓的小伙子說：「讓我試試看吧！」

▲ 小伙子來到城門前把那根木頭搬走了

▲ 商鞅馬上命人給小伙子賞金五十，小伙子開懷大笑：「看來官府還是講信用的啊！」

漢：「西遊」探險記

　　漢王朝建立了是中國古代歷史上空前強大的帝國，長安開始成為世界中心。從這裏走出去的人，也開始影響中央帝國傳統疆界之外的世界。

博望侯西域「開疆」

▲ 漢初，匈奴經常到西漢北部殺人放火、搶東西、佔地盤

▲ 漢武帝從一個匈奴俘虜口中了解到，西域有個國家可以聯合抗擊匈奴

▲ 張騫毛遂自薦出使西域

▲ 在張騫的幫助下，漢軍擊敗匈奴。張騫被封為「博望侯」，後來很多漢使去西域，為了「搞好關係」均自稱「博望侯」

▼博望侯「西遊記」（敦煌壁畫）

甘英西行東羅馬

公元 97 年，班超派遣甘英出使大秦（東羅馬帝國）。

這次，甘英一直向西，完成了古代中國人最遠的一次西行探險。然而甘英一行到達波斯灣而未能繼續西行，望洋興歎一番，只得失望而歸。

漢代張騫、班超、甘英等之行，開闢了從長安（今西安市）經甘肅、新疆，到中亞、西亞，並聯結地中海各國，並最終到達羅馬的陸上通道，開創和成就了舉世聞名的絲綢之路。

▲ 關於甘英望海止步的原因，歸納起來有四種說法：第一種認為，是甘英缺乏探險家的勇氣；第二種認為，是安息（波斯）商人為了自己的利益有意欺騙甘英；第三種認為，是當時的戰亂阻止了甘英西行的腳步；第四種認為，是有關海妖的可怕傳說影響了甘英的決策。你認同哪種說法？

通過絲路看世界

公元前2世紀前後，漢代張騫等人的西域之行，雖然沒有達到預期的目的，但是他們卻到達了**大宛國、康居國、大月氏國、大夏國**等許多國家，帶回了葡萄、胡桃、苜蓿、石榴四種中原沒有的植物，了解到那裏的風土人情。以長安為起點，通過絲綢之路，他們為中國了解世界做出了自己特殊的貢獻。

唐：一騎紅塵妃子笑

一個史實是，唐是自秦漢以來，第一個不使用長城及不築長城的統一王朝。這個時期的國家聲譽遠播海外，到明清時期海外仍多稱中國人為「唐人」。今天，「唐人街」依然遍佈主要發達國家。

唐長安城是中國古代規模最為宏偉壯觀的都城，成為名副其實的世界中心。唐代的興衰故事，也因此備受後世關注。

長安回望繡成堆

唐明皇的愛妃楊貴妃喜愛吃荔枝。因此荔枝成熟季節，皇帝每天命人從嶺南飛馬送來新鮮荔枝。不過，按道理唐明皇應在京城日理萬機，妃子自應留在京城，因此飛送荔枝者應直奔長安才符合常理。然而，一般情況下辛苦送荔枝的人卻是要將荔枝送往驪山。因為皇帝、貴妃整日在驪山行樂！

杜牧在《過華清宮》中，曾對「長安回望繡成堆」（驪山遍植花木如錦繡，故稱「繡嶺」）的情景作了描述。

過華清宮
唐 杜牧

長安回望繡成堆，
山頂千門次第開。
一騎紅塵妃子笑，
無人知是荔枝來。

貴妃香隕馬嵬坡

楊貴妃是中國古代四大美女之一，深得玄宗唐明皇長期寵愛，楊氏家族也因此顯赫起來。皇帝沉溺酒色，政治上也日漸腐敗。

▲ 楊貴妃是唐玄宗的愛妃

▲ 安史之亂爆發，安祿山要殺貴妃的哥哥楊國忠

▲ 唐玄宗於是帶楊貴妃等人逃到一個叫馬嵬驛的地方，隨行禁軍嘩變，處死了楊國忠

▲ 迫於形勢，唐玄宗不得已賜死楊貴妃

中國古代四大美女

中國古代「四大美女」：西施、貂蟬、王昭君、楊玉環。四大美女享有「閉月、羞花、沉魚、落雁」的美譽。「閉月」，是述說貂蟬拜月的故事。「羞花」，談的是楊貴妃觀花時的故事。「沉魚」，講的是西施浣紗時的故事。「落雁」，指的就是昭君出塞的故事。

第三紀

穿越時空的戰士

從西安城驅車東行，我們來到秦始皇陵，這裏有世界文化遺產——秦始皇兵馬俑。

世界第八大奇跡

▲ 1974年3月，西楊村村民楊志發、楊培彥等人在柿林打井

▲ 當挖到4～5米深時，發現了磚鋪地面、銅鏃、銅弩機，以及八個殘破的陶俑……

▲ 他們步行40里，將這些「瓦人」和磚頭，用架子車送到了臨潼縣博物館

▲ 博物館按照每車10元，給了他們30元，他們回村上交，村裏給每人記了半天5個工分，相當於1毛3分錢。孰不知這竟是人們對秦始皇陵的最早發現

轟動世界的消息

兵馬俑的發現，揭開了一個千年的祕密，讓一個奇跡誕生於世。

當年，在秦始皇陵發現大型陶俑的消息只是在《人民日報》內參上做了報道。

誰也不會想到，這一消息後來竟轟動全世界。作為世界最大的地下人俑羣，秦始皇兵馬俑是世界考古史上最偉大的發現之一，被稱為「世界第八大奇跡」。

世界古代七大奇跡

埃及的金字塔、巴比倫的「空中花園」、土耳其的月亮神阿緹蜜絲女神廟、羅得島太陽神銅像、亞歷山大燈塔、希臘奧林匹克的宙斯神像、土耳其國王摩索拉斯陵墓，被稱為世界古代七大奇跡。除金字塔依然屹立外，其餘均已毀壞。

兩千年前的軍事博物館

從發現兵馬俑的那一刻起，秦始皇的龐大地下軍團，仿佛穿越了兩千年的歷史，列着戰陣來到我們面前。

穿行在這些鮮活而整齊的兵俑戰士中，好像又回到了公元前的古中國戰場……

◀二號坑是車馬坑，也就是駕戰車作戰的部隊

▼一號坑的步兵站得整整齊齊，仿佛只要一聲令下，就可以開赴前線。這些泥人表情各異，但似乎沒有看到一個愁眉苦臉的

▼秦陵一號銅馬車，是古代單轅雙輪車並按照秦代真人車馬1/2的比例製造的

秦始皇死後，秦二世胡亥繼位，繼續大修阿房宮和馳道，賦稅徭役比以前更為繁重，從而引起農民大起義。在這種形勢下，三號坑修建中斷，四號坑未來得及放兵馬俑就匆匆填埋了。發掘中發現有火焚痕跡，可能與楚霸王入關火燒阿房宮有關係。

西安與雁有不解之緣！大小雁塔有富有靈感的「神雁」，而秦陵中則有一隻會飛的人工「金雁」。

《三輔故事》記載，楚霸王項羽入關後，曾讓三十萬人盜掘秦陵。在他們挖掘過程中，突然一隻金雁從墓中飛出，這隻神奇的飛雁一直朝南飛去。

斗轉星移過了幾百年，到三國時期（寶鼎元年），一位在日南做太守的官吏名叫張善。一天，有人給他送來一隻金雁，他立即從金雁上的文字判斷此物出自始皇陵。

這個神奇的傳說到底有沒有歷史依據？

金雁與木雁

　　近年來，有學者指出：「這雖然是個傳說故事，但說明秦陵內的文物曾經流失於外，並且遠達雲南以南。至於說金雁製作精巧，不但好看，而且還能飛，這也是有可能的。因為在春秋時期，著名工匠魯班已經能製造出木雁，在天空中飛翔，直飛到宋國的城上。幾百年後，秦國的工匠能製造出會飛的金雁，這是可信的。」

　　（武伯綸、張文立：《秦始皇帝陵》，上海人民出版社，1990年3月版）

▼ 不少古籍記載，木工使用很多的木工器械都是魯班發明的。像木工使用的曲尺，叫魯班尺。又如墨斗、鋸子、刨子、鑽子等

迷人的不解之謎

兩千多年以來，關於兵馬俑的傳說一直在民間流傳。從被發現那一刻起，被稱為「世界第八大奇跡」的兵馬俑的神祕感不斷在增加，有很多不解之謎需要答案。甚至有人提議，有些祕密現在不能「說」，只能留待未來一代去解決了！

不解之謎一——真正的統帥去哪裏了？

已發現的兵馬俑中沒有將軍。你相信嗎？在一號坑出土的大量兵馬俑中，大多為普通士兵和少數的將軍俑。第三次發掘出來的陶俑也多為普通士兵。

考古專家們尋找多時的軍團，統帥依舊沒有答案。或許還需要繼續發掘才能找到，或許皇陵的封土下面才躺着真正的軍團統帥。

不解之謎二——誰燒的兵馬俑？

這是一個從發掘起就困擾大家的問題。

在一號坑的第三次發掘中，發現了大量的燃燒痕跡。有人認為這是棚木自燃所致，有人認為這是當時的喪葬制度，更多的人還是把「罪魁禍首」鎖定在項羽身上。但也有不少人認為證據不足，在這種情況下，項羽只能算「嫌犯」。

不解之謎三——兵馬俑的顏色何處來？

　　經科學家考證，原來的兵馬俑並非「灰頭土臉」，而是有着亮麗的顏色。專家在兵馬俑彩繪顏料的紫色中，發現了一種叫矽酸銅鋇的化學合成物。令人驚奇的是：矽酸銅鋇是20世紀80年代才合成出來的，自然界中還未發現它。這種材料在當時到底是如何合成的？

不解之謎四——軍陣的祕密是甚麼？

　　秦俑軍陣為甚麼要如此排列？其中的奧祕何在？很多中外軍事工作者或愛好者在參觀兵馬俑時，總會生發這樣的好奇和疑問。

　　在所有前來參觀的外國軍人中，美國人是最先感覺到兵馬俑的軍事價值的，他們不放過任何研讀這部活着的《孫子兵法》的機會。美國多位前任或時任總統、國防部長、國防大學校長等都先後參觀過。

　　美國人能得到他們想要的嗎？

一朝看盡長安花

　　詩人孟郊在四十六歲時才中了進士，得到好消息之後，興奮地在春風輕拂、春花盛開的長安城裏騎着馬跑了一天。

　　今天，讓我們隨孟郊從長安「穿越」回現代西安，體驗一下他的感受。

滿滿一條街的小吃

　　西安並沒有較大的菜系，但卻有很多「端不上桌子」（西安人自嘲）的精美小吃。因而「縱馬」之前，飽餐西安小吃是首選！

𰻝𰻝麵位列陝西八怪之首

▲𰻝𰻝麵

　　西安的麵食總是讓人「樂不思家」，涼皮、岐山臊子麵，還有一種普通話音為 Biáng biáng 麵的更特別。來到西安，如果不咥（粵：秩｜普：dié，意思為「吃」）一碗正宗的 Biáng biáng 麵，那可真是一大遺憾！

　　𰻝（普：Biáng）字塊頭特大，不在西安待上幾個月，是斷然學不會寫的，電腦上估計也很難把這個字打出來吧。

岐山臊子麵▶

𰻝字的寫法

民間流傳着一首關於「𰻝」字寫法的民謠。陝西關中人不分老幼，都會脫口唸出：

「一點上了天，黃河兩道彎；

八字大張口，二字往裏走；

左一扭、右一扭，中間夾個言簍簍；

你也長、我也長，裏面坐個馬大王；

心字底，月字旁，留個鈎搭掛麻糖，推個車車遊咸陽。」

俗話說：「百里不同風，十里不同俗。」陝西人（尤其是關中人）在衣、食、住、行、樂等方面，形成了一些獨特的方式，這就是「陝西八大怪」。

第一怪
麵條像褲帶

三秦麵條真不賴
擀厚切寬像褲帶
麵香筋道細又白
爽口耐飢嫽得太

一碗羊湯得「天下」

還有一說，是羊肉泡饃力助趙匡胤奪得了「天下」。大宋皇帝趙匡胤在成為皇帝前被困在長安，整天吃了上頓沒下頓。偶爾一天吃到了一碗掌櫃給他的免費羊肉泡饃，他覺得這是天下最好吃的美食。

後來，趙匡胤做了皇帝，又帶人專程去吃了一次，感覺仍然不錯。皇上吃泡饃的故事一傳開，羊肉泡饃成了長安街上的著名小吃。

▲ 羊肉泡饃

來自古阿拉伯、波斯等地的商人、使節、學生等人，沿着絲綢之路來到長安城，聚居在回民街。現在，這裏已成為六萬多穆斯林羣眾的聚居區，周邊有保存完好的清真寺、道教城隍廟、佛教西五台、喇嘛教廣仁寺等眾多文化遺跡。

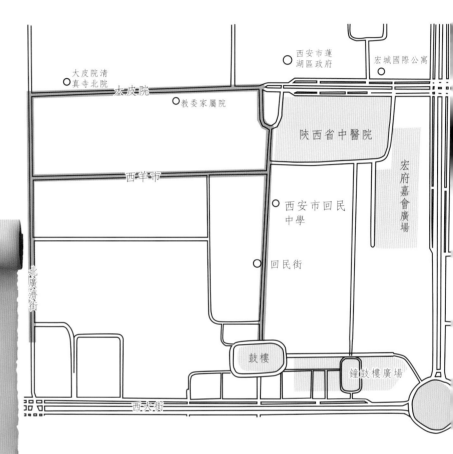

「門」裏有條小吃街

回民街是西安最著名的小吃街，以清真風味為主。

在這片區域，南北走向平行的巷子有兩條，兩條之間還有兩條東西走向的平行巷子（北端一條叫大皮院，中間一條叫羊市口）。四條巷子連在一起大體像個「門」。

▶ 西安回民街

秦腔吼着唱

縱馬長安城，除了吃鼴鼴麵，孟郊一定會作詩賦詞，或許還要吼兩聲秦腔，以表達爽快的心情。

陝西有八大怪的說法，其中免不了的「一怪」是：秦腔吼起來（一般位列「總結」性質的第八怪）。

「吼」的方式反映了秦腔的高昂激越、強烈急促的特點。尤其是花臉的演唱，更是扯開嗓子大聲吼，當地人稱之為「掙破頭」。

唱戲吼起來

民風淳樸性剽悍
秦腔花臉吼破天
台下觀眾心歡暢
不怕戲台要震翻

陝西一怪之秦腔

秦腔對許多劇種都有很大的影響，黃梅戲及京劇的西皮流水唱段就來自於秦腔。

秦腔是我國戲曲四大聲腔中最古老、最豐富、最龐大的體系，它覆蓋面極為廣闊，流行遍及我國西北的陝西、甘肅、青海、寧夏、新疆及西南的西藏、四川；中原的晉西、豫東、河北；東北大慶、東南的廣東、福建，寶島台灣等地以及吉爾吉斯斯坦共和國，同時也是我國最大的地方劇種。

票友秦王

唐玄宗李隆基，也被稱作秦王，可算得上一個真正的秦腔票友。

這位皇帝戲迷曾經專門設立培養戲曲子弟的梨園，據說演唱的就是秦腔。當時，他親自打板為歌伎伴奏，因此打板的師傅被尊稱為「老爺子」，在戲班地位最高。秦腔也因此被稱為「秦王之腔」。

梨園的樂師李龜年原本是陝西民間藝人，他所做的《秦王破陣樂》稱為「秦王腔」，簡稱「秦腔」，這大概就是最早的秦腔樂曲。

第五紀

時光倒流幾千年

　　喜歡西安的理由很多，但有一條最充分：在西安不用擔心迷路！因為它保留了古城的方位，是方正的東南西北，「會說話」的大街小巷一定會告訴你身在哪裏。

　　想像中的「穿越」易，現實中的「穿越」難！幾千年的歷史、十三個朝代，讓任何一個城市設計者或建設者，都不敢「放手」在此「創新」。怎樣讓這些馬路將千年的「故事」講好，始終是一個難題！

東市西市「甦醒」中

　　漢唐時期的古長安，素有「東市買駿馬，西市買鞍韉」的繁華與熱鬧。

▶「東市買駿馬，西市買鞍韉，
　南市買轡頭，北市買長鞭」
　等句中的「東、南、西、北」
　都是虛位而非實指

唐長安城的核心是宮城和郭城，呈「日」字形排列。宮城位於北方，是皇帝宮室；皇城在南，是百官衙署；兩城中有一道城牆，成「日」字形。外圍南邊是郭城，北邊是禁苑，環周六十公里。

　　往昔的京城佈局，雖然已隨歷史而逐漸模糊，但如今西安在建築方面開始「恢復」過去的風格，如東西市就是悄悄繼承了漢唐時期的遺風。

◀西大街

▲今日西市

古今東西市

　　宋《長安志》載，承天門街十字以東的第四橫街為景風門街，其北側為尚書省（大致相當於現在的國務院地址，在今鼓樓），過了安上門街十字（今鐘樓盤道）向東，沿街有都水監和光祿寺，寺東有南北街（南街是今端履門街，北街是今南新街），過十字有軍器監……

皇城復興各路忙

　　日益整潔乾淨的街道、時尚與古典的結合等反映在城市發展和生活的方方面面。西安正面臨漢唐之後的又一個盛世時期的來臨。

　　如果時光可以「倒流」一遍，我們就可以像看電影一般，看到同一條街道旁邊的建築風格會隨時間的流逝不斷改變，甚至身邊穿行的王侯、將相、公主、王子，或者是皇帝的衣服樣式也會時刻不同。

　　如今的西安大不同了，跨越了唐長安城的範圍。一座現代化的都城，正在西部崛起。

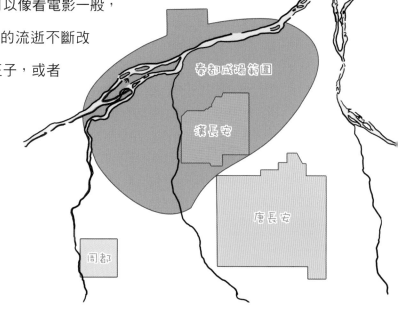

▼繁榮的西安

長安塔的夢想

2011 年，西安成功舉辦了世界園藝博覽會。長安塔是 2011 西安世界園藝博覽會的標誌。

塔在設計上保持了隋唐時期方形古塔的神韻，同時增加了現代元素，古今結合、交相輝映。

當代西安，正在成為一個十三朝古都的「綜合體」，寄託着人們對不同歷史時期的記憶和想像。園博會的舉辦，既改善了西安的生態環境，也激發了人們對於古都的新暢想。

城市攻略——「一帶一路」上的古城

◀羅馬　　　　　▼烏魯木齊

漢唐時的長安與世界名城雅典、開羅齊名，同被譽為世界四大文明古都。由於受到漢唐盛世的影響，絲綢之路沿線很多中外城市，都可以看到古長安的影子，如日本有的城市直至現在還保留着唐代建築風格。

你對「一帶一路」上的古城了解有多少？一起連連看吧。

▷京都	陸上絲綢之路起點
▷羅馬	保留明城牆
▷南京	歐亞大陸橋或絲綢之路經過城市
▷廣州	海上絲綢之路起點或經過城市
▷西安	絲綢之路東線目的地之一、保留唐代建築風格的國外城市
▷烏魯木齊、蘭州	陸上和海上絲綢之路終點

▲ 南京

▲ 京都

▼ 蘭州

▼ 西安

▼ 廣州

復古的「經」該怎麼唸

　　西安這座城，帶給現居於其中的本地人很多值得驕傲的「資本」，但有時也有幾分感慨和無奈：

　　家住大明宮附近的小唐，目睹了大明宮的復古、拆除與重建。當他上前問工人們拆除的原因時，工人告訴他「因為看着不好看」。聽着這句話，小唐心裏掠過不安與擔憂。

　　毫無疑問，西安在古城保護方面做出了很多成功的努力。但個別項目無規劃、重複地紮堆復古周秦漢唐的做法，是不是反而對古跡所在地造成更大的傷害呢？

▼仿古長安的日本京都金閣寺　　　　　　　　　　　　　　▼大唐芙蓉園復原

你眼中周、秦、漢、唐四種文化在西安城市復興中應該佔有甚麼樣的位置？

▲阿房宮復原　　　　　　　　　　　　　　▲大明宮復原

穿越了幾千年，如此豐富的文化古跡，周、秦、漢、唐等的「混搭」到底行不行？由你來定。
（按照重要程度由強漸弱的順序在坐標軸上標出主要朝代的位置，可空缺也可多填）

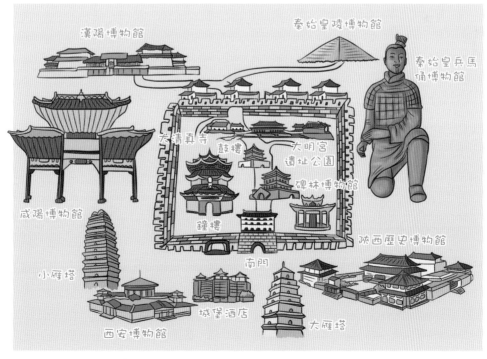

▲西安的古跡保護任務重

我的家在中國・城市之旅⑥

這裏的馬路會說話 | 西安

檀傳寶◎主編　王小飛◎編著

責任編輯：楊安琪
裝幀設計：龐雅美
排　版：龐雅美　鄧佩儀
印　務：劉漢舉

出版 / 中華教育

香港北角英皇道 499 號北角工業大廈 1 樓 B

電話：（852）2137 2338

傳真：（852）2713 8202

電子郵件：info@chunghwabook.com.hk

網址：https://www.chunghwabook.com.hk/

發行 / 香港聯合書刊物流有限公司

香港新界荃灣德士古道 220-248 號

荃灣工業中心 16 樓

電話：（852）2150 2100

傳真：（852）2407 3062

電子郵件：info@suplogistics.com.hk

印刷 / 美雅印刷製本有限公司

香港觀塘榮業街 6 號

海濱工業大廈 4 樓 A 室

版次 / 2021 年 3 月第 1 版第 1 次印刷

©2021 中華教育

規格 / 16 開（265 mm x 210 mm）